AF573462

RECETTES
POUR
LES MALADIES DES CHEVAUX
RECUEILLIES

des plus habiles Ecuyers, & des Marêchaux les plus experts d'Italie

PAR

MR. HARPUR

Chevalier Anglois.

On y a joint plusieurs autres Recettes dont a fait des epreuves très heureuses.

A LAUSANNE

Chez MARC CHAPUIS.

MDCCLXI.

RECUEIL DE RECETTES POUR LES MALADIES DES CHEVAUX.

Pillules pour donner aux Chevaux au retour de la Chasse ou d'une Course.

Renez deux onces Thérébentine de Venise, Conserve de Roses deux onces. Elicampané, Reguelisse, Anis, de chacun quatre onces, bien pulverisé; deux onces d'Ail bien pilé dans un mortier; une once blanc de Baleine broyé dans un mortier; deux jaunes d'Oeuf bien frais, quatre onces de Miel: broyez le tout ensemble avec de l'huile de Lin en quantité suffisante, formez-en des Pillules de la grosseur d'une grosse noix; il suffit d'en donner une à chaque fois.

Pillules Communes pour guérir les Rhûmes pris à la Chasse.

PRenez Anis, Cumin, Fenigrec, Coriandre en graine, racine d'Elicampané, fleur de Souphre, Sucre candi brun, de chacun deux onces, pilé bien fin, & ensuite passé au tamis; une once suc de Reguelisse, faites-le dissoudre dans demi-pinte de Vin blanc; ensuite prenez trois onces de Sirop de Pas d'Ane, de l'huile d'Olive bien fraiche & du miel, de chacun demi pinte: mêlez bien tous ces articles ensemble & les reduisez en pâte, en y ajoutant une quantité suffisante de farine de Seigle.

Autres Pillules à donner à un Cheval enrumé ou au retour de la Chasse.

PRenez une livre de Raisins secs, une livre de Reguelisse en poudre, demi livre fleur de Souphre, une livre de Sucre candi brun, de la semence de Cumin demi-livre, bayes

bayes de Laurier demi-livre, quatre onces Poivre long, quatre onces d'Anis, demi-livre de Thérébentine, quatre onces beaume de souffre, demi livre de miel, quatre onces Sirop de Pas-d'Ane, quatre onces de Mithridate, une once Cinamome, quatre dragmes de Saffran, demi-pinte de la plus vieille huile de lin; le tout lié avec du Sirop rosat; ajoutez-y de la farine de Seigle en quantité suffisante pour faire une pâte.

Pillules Pectorales.

PRenez une livre Raisins secs, une livre Reguelisse en poudre, une demi-livre de Tamarin, une demi-livre de bayes de Laurier, une demi-livre d'urine de Cheval, demi-livre de Sucre candi brun, demi-livre de Miel, demi-livre de Theriaque, demi-livre de fleur de Souphre, deux onces de Poivre long, mis dans un peu d'huile d'anis pour donner le goût; liez le tout avec du Sirop rosat & de la farine de Seigle.

Purgatif.

PRenez une livre & demie de bayes d'Aloë, deux dragmes de Séné, deux dragmes de Rhubarbe, Crême de Tartre quatre dragmes, fleurs de Souphre quatre dragmes, trente goutes huile d'Anis; le tout broyé avec du Sirop rosat & de la farine de Seigle pour l'épaissir; ajoutez-y de la poudre de Reguelisse.

Purgatif Commun.

PRenez une once & demie d'Aloë, Séné deux dragmes, crême de Tartre deux dragmes, fleur de Souphre, poudre de Reguelisse, de chacun demi-once; le tout préparé avec du sirop de Jalap; ajoutez-y la farine de Seigle, & de l'Anis en poudre; ce qui calme les tranchées du ventre.

Breuvage confortatif.

PRenez Cinamome, cloux de Gerofles, de chacun une once; Saffran deux dragmes, Sucre candi deux onces, Theriaque de Londres demi-once, Thérébentine une once, ſirop de Pas-d'Ane une once, ſirop de Violette une once, huile d'Amandes douces une once; donnez-le dans du Vin blanc.

Breuvage pour le Rhûme.

PRenez de la mouſſe de Chêne blanche une poignée, une pinte de Lait; faites les bouillir ſur le feu juſqu'à la diminution du quart, paſſez-le dans un linge fin; ajoutez-y deux onces de Miel, deux onces de Sucre candi brun, une once huile d'Amandes douces, demi-once de Baume de Souphre, deux têtes d'Ail; ajoutez-y un peu de beurre frais bien déſalé.

Breuvage pour faire uriner.

PRenez un quart de livre d'Eau de forge le matin quand elle est reposée, une once Rozin, demi-once d'Antimoine crû pulverisé bien fin; mettez le breuvage dans une corne, l'Eau & la Poudre en même tems bien remuées, sans quoi elle resteroit dans la corne.

Onguent pour les Piés qui suppurent.

PRenez de la racine de Bardock, bien lavée, bien serrée & pulverisée; prenez d'un col de Mouton le morceau le plus gras, rotissez-le & l'arrosez avec du Goudron à volonté; prenez ce qui aura découlé dans la léchefrite, mêlez-le avec le jus de la racine de Burdock, conservez-le dans un pot de terre bien bouché pour vous en servir au besoin.

Onguent

Onguent pour les écorchures de Jambes.

PRenez jus de Mauves un quart de livre, un quart de livre de Thérébentine commune, un quart de livre Verd-de-gris, demi-livre de Saindoux; faites cuire le tout enſemble ſur un petit feu, & le gardez pour le beſoin.

Pour les nerfs qui ont ſouffert.

PRenez du Verjus du meilleur, faites-y diſſoudre du bon Salpêtre: lavez-en la place deux fois par jour, tenez-la chaudement au moyen d'une flanelle, qui ſoit bien mouillée de cette infuſion.

Graiſſe pour les pieds des Chevaux.

DEux livres graiſſe de Bœuf, demi-livre Cire neuve, demi-livre de Poix commune,

mune, demi-livre de Poix-Résine, une livre huile d'Olive; faites bouillir le tout ensemble jusqu'à consistance.

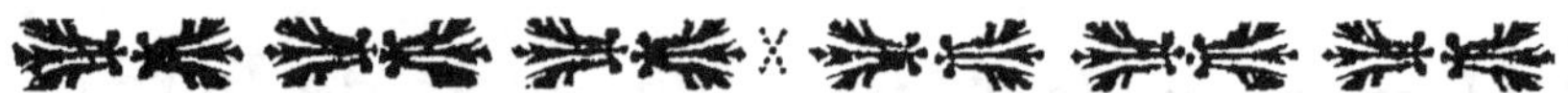

Cataplâme pour les entorses de Genouil & du Pâturon.

PRenez de la Farine moulue gros, du gros Vin rouge, du Vinaigre; le tout à volonté; ajoutez-y de la boule d'Asier dissoute.

Remêde pour les Chevaux qui ont été blessés par la selle.

PRenez de la boule d'Asier dissoute dans de l'Eau-de-Vie.

Com-

Compoſition de la Pierre admirable.

PRenez Couperoſe blanche deux livres, Alun de roche trois livres, Bol fin demi-livre, deux onces de Litarge; le tout pulveriſé: mettez-le dans un pot de terre neuve vernifſée, dans lequel vous ajouterez trois pintes d'Eau, & la faites cuire à petit feu ſans flamme, juſqu'à-ce que l'eau ſoit évaporée: il faut obſerver que le pot ſoit partout également environné de feu; il reſtera au fond une matiére qui ne doit conſerver aucune humidité. L'on ôtera le pot de deſſus le feu, & le laiſſera refroidir: la matiére du fond doit être dure, & durcira toujours plus ſi vous la gardez long-tems. La doze de cette Pierre eſt de demi-once dans quatre onces d'eau, elle ſera diſſoute dans un quart d'heure. Lorſque vous agiterez la bouteille l'eau blanchira comme du lait. Vous en baignerez l'œil du Cheval ſoir & matin. Cette Eau compoſée de la ſorte ſe conſervera vingt jours.

Pour les Chevaux sujets aux humeurs.

DOnnez-leur dans l'Avoine un peu de graine de Lin.

Onguent Basilicum.

CIre jaune, Suif de mouton, Resine, Poix noire, Thérébentine de Venise, de chacun demi livre; huile d'Olive cinq livres, mettez-la dans un grand pot, faites-le chauffer sur un bon feu; L'huile étant bien chaude, jettez-y la Cire, le Suif, la Resine & la Poix; faites fondre le tout, passez-le par une grosse toile, ajoutez-y la Thérébentine; cela vous donnera un très-bon Onguent supuratif. Cet Onguent est excellent pour faire supurer; en y ajoutant de la Couperose blanche, & du Verd-de-gris en fine poudre, il cicatrisera les playes.

Garga-

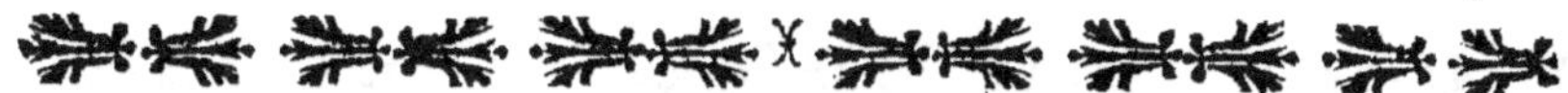

Gargariſme.

VErjus une pinte, Miel quatre onces, un jus de Citron; il faut mêler le tout, le paſſer dans un linge, en remplir une petite Seringue, ſeringuerez la bouche du Cheval. Ce Gargariſme eſt excellent dans les inflammations de goſier, & pour les bouches échauffées.

Décoction pour les Jambes enflées.

DEux poignées de Véronique mâle, autant de groſſe Abſinthe, autant de petite Abſinthe; le tout bouilli dans du gros Vin rouge: Il faut en frotter les Jambes le plus chaudement qu'on pourra, en tenant les herbes dans la main.

Remede pour les Nerfs desseschés.

PRenez de la Veronique mâle quatre poignées par pinte de Vin rouge ; sur trois pintes de Vin, joignez-y demi pinte de Vinaigre ; faites bouillir le tout jusqu'à-ce que les herbes soient en bouillie ; puis, lorsqu'il ne sera plus brulant, jettez-y un bon verre d'Eau d'Arquebusade, puis prenez les herbes bien imbibées du vin, frottez la partie malade aussi chaud que vous pouvez le souffrir, laissez les herbes sur la partie, & la couvrez d'un linge.

Breuvage pour le Rhûme facile à faire partout.

DEux ou trois onces d'Anis, une dragme de Saffran, infusé dans de l'eau bouillante ; après que cela a infusé jusqu'à ce qu'il ne soit que tiéde, faites-y dissoudre un peu de Miel, deux cuillerées de bonne huile d'Olive

live avec un peu de Vin blanc. Ce breuvage eſt ſuffiſant pour un ſimple Rhûme qui n'a aucune mauvaiſe circonſtance, & peut être repété auſſi ſouvent que l'on le trouve convenable.

Bleſſure ſur le Bourlet.

IL faut traiter la bleſſure ſur le Bourlet, comme le Neffène, avec l'Althea, l'Onguent de Roſe & le Populeum.

Remède pour le faux-Gourme.

CEtte maladie ſe manifeſte ſouvent comme le Gourme, & d'autres fois différemment. Thériaque deux onces, Confection de Hiacinthe une once, Aſſafétida une once; le tout diſſous dans une pinte de Vin blanc. Ce Remède eſt excellent pour dégager un Cheval d'humeur & purifier le ſang.

Poudre universelle.

PRenez baye de Laurier, bayes de Genievre, Fenigrec, semence de Fenouil, semence de Chervis, racine d'Angelique, racine de Gentiane, racine d'Iris de Florence, bois de Sassaffras, bois de Gayac, Oliban, Agaric, Rubarbe de Moine, Ecorce d'Orange amère, petite Centaurée, feuille & fleurs d'Absinthe, Galanga, Aristoloche longue & ronde, feuille de sauge, feuille de Ruë, Lierre terrestre, feuille d'Argentine, de chacun quatre onces; chaque article pilé séparément; fleur de Souphre huit onces, Reguelisse huit onces; bien mêler le tout peu-à-peu, & ensuite le passer par un tamis: la doze est de trois onces, avec demi-once de Sel de prunelle. Cette Poudre peut se donner en tout tems. Elle doit être conservée en un endroit sec, dans une bouteille bien bouchée ou dans une vessie. On peut la donner en voyage à un Cheval le soir ou le matin.

Remède

Remède pour faire durer l'haleine à un Cheval qui l'a courte.

PRenez de la Pimprenelle, du Creſſon & de la Beine, de chaque ſorte une poignée; pilez le tout enſemble, mettez-le dans un pot pour le faire infuſer dans une bouteille de Vin blanc; faites prendre le vin & le marc à votre Cheval, il en ſera très-ſoulagé.

* *

Remède pour le faux Gourme.

LOrſque la tumeur eſt aſſez conſidérable, qu'elle paroiſſe plus diſpoſée à ſupurer qu'à couler par les nazeaux, frottez-la tous les jours avec parties égales d'huile de Laurier & de beurre frais, le double d'onguent d'Althéa, mêlez froid: tenez le Cheval bien couvert, enveloppez-lui la gorge avec une peau de Mouton, la laine en dedans; ſi au contraire la tumeur ne paroit pas diſpoſée à ſuppurer, prenez

prenez un verre d'huile d'Olive commune, deux onces huile de Laurier, deux onces Beurre frais, & la grosseur d'une petite noix de Poivre, plein la coquille d'un œuf de Vinaigre; le tout étant fondu, jettez le Poivre, & faites avaler le tout tiède au Cheval par les nazeaux. Ce Remède est d'une si grande bonté, qu'il peut guérir la morve quand elle n'est pas invétérée.

Moyen de faire recroitre le poil tombé par galle ou blessure dans quelle partie que ce soit.

PRenez Onguent de Populeum; Miel blanc, autant de l'un que de l'autre; mêlez-les bien ensemble, frottez-en deux fois par jour les endroits où le poil est tombé, & continuant quinze ou vingt jours, le poil reviendra aussi beau qu'auparavant.

Onguent d'Oldembourg pour sécher les eaux & autres ordures des jambes des Chevaux.

MEttez dans un pot neuf & vernissé deux

livres

livres de Miel commun, faites-le chauffer à petit feu; lorsqu'il commence à bouillir, mettez parmi le Miel du Verd-de-gris en poudre fine, en le levant du feu, & de la Couperose blanche pilée grossiérement, de chacun quatre onces; incorporez le tout dans le miel, puis remettez-le sur un peu de feu & le remuez continuellement; ajoutez-y deux onces de Noix de Galle bien pilées; levez-le du feu & remuez bien le tout, & à la fin ajoutez une once de Sublimé en fine poudre; incorporez encore, & mêlez le tout hors du feu jusqu'à-ce qu'il soit refroidi: cela vous donnera un Onguent capable de tout dessecher.

* * * * * * * * * * * * * *

Caustic perpétuel ou Pierre infernale.

PRenez une once de bonne Eau-forte, mettez-la dans un matras, jettez dans l'Eau-forte demi-once de parfilure d'Argent, mettez le matras sur les cendres chaudes, laissez dissoudre l'Argent, qui sera bientôt rongé; continuez ensuite le feu jusqu'à-ce que l'Eau-forte soit toute évaporée; il restera dans le fond une matiére brune, qui est le Caustic perpétuel

pétuel ou Pietre Infernale, qu'il faut conserver bien fermée dans une boëte & dans un lieu sec.

xxxxxxxxxxxxxxxxxxxxxxxxxxxxxx

Onguent du Duc bon pour les Enflures, & Contusions, où il y a de la chaleur & de l'inflammation.

METtez dans un matras une livre d'huile de Lin de la plus claire, avec quatre onces fleur de Souphre; mettez le matras sur un feu de sable avec une chaleur médiocre; poussez ensuite la chaleur jusqu'à-ce que la fleur de Souphre soit toute dissoute, & cela avant que l'huile se réfroidisse, parce que sans cela le souphre tomberoit au fond du matras, du moins la plus grande partie. Faites fondre dans une bassine une livre de bon Sain-doux de Porc mâle, deux onces & demie Cire blanche; si vous pouvez avoir de la graisse de Cheval; il faut en mettre au lieu du Sain-doux, & quatre onces de cire blanche au lieu de deux & demie; il faut que cela fonde sans bouillir; alors ajoutez-y l'huile de Lin qui étoit dans le matras; remuez le tout avec une racine d'Orcanette, jusqu'à-ce que la composition soit froide:

froide : ce qui vous donnera un Onguent qui ressemble à l'Onguent rosat ; l'on ne peut découvrir qu'à l'odeur qu'il y a du souphre. Il est anodin & résolutif. Lorsque le Garot est blessé ou qu'il y a quelques Jarrets enflés, cet Onguent sera beaucoup plus d'effet que le Bol & autre remède, évitant que le mal ne vienne à suppuration.

Recette pour les Testicules & fourreaux enflés, qui s'étendent quelquefois jusqu'au poitrail.

FAites saigner le Cheval, frottez l'enflure d'Onguent du Duc soir & matin, promenez une heure le Cheval au pas ; ensuite au bout de quelque tems, frottez l'enflure avec du Vin chaud, dans lequel vous aurez fait fondre du beurre, afin d'ôter le vieux Onguent, après quoi vous en mettrez du nouveau. Il y a des cas quelquefois où l'enflure veut venir à suppuration, ce qui se voit lorsqu'en la pressant avec le doigt la marque y reste ; dans ce cas-là, il faut lui donner des pointes de feu par toute l'enflure, cela fera sortir les eaux rousses ; ensuite frottez avec l'Onguent du Duc.

Remède pour les maux de tête des Chevaux, autrement nommés mal-d'Espagne.

FAites ſaigner mais peu le Cheval; ſix heures après donnez-lui un lavement composé comme ſuit: Prenez un picotin de ſon de Froment, une livre Miel commun, deux onces beurre frais, cuit dans deux pintes d'eau; après qu'il eſt cuit, paſſez le dans un linge ou tamis, à quoi vous joindrez un quart de pinte de Vinaigre; enſuite donnez-lui une priſe de poudre cordiale, dont la recette eſt ci-après avec la doſe: le lendemain vous redonnerez le matin une priſe de poudre cordiale; le ſoir, un lavement, & continuerez juſqu'à la gueriſon du Cheval.

Poudre Cordiale.

PRenez bayes de Laurier, Reguelіſſe, Gentiane, Ariſtoloche ronde, Mirthe, raclure de corne de Cerf, de chacune quatre onces, ſemence d'ortie quatre onces & demie, Agaric, Hiſſope, Rubarbe, cloux de Geroffle, noix

noix Muſcade, de chacun une once; après avoir bien pulveriſé le tout, vous le paſſerez dans un tamis; repilez ce qui n'aura pu paſſer, & mettez le tout dans une bouteille bien bouchée: la doze eſt de deux onces infuſée dans une pinte de Vin blanc pendant douze heures; ſi l'on n'a pas le tems, on lui fait ſimplement donner une onde ſur le feu, & quand il eſt tiède, on le fait avaler.

Manière de guèrir les Avives.

IL faut d'abord mettre de la paille fraiche ſous le Cheval, puis lui mettre dans le fourreau un poux vivant, cela lui aidera à uriner; puis lui faire mettre dans le fondement le bras d'un homme graiſſé d'huile de noix; il faut auſſi frotter la veſſie avec de la même huile, & tenir le Cheval le plus au chaud que l'on pourra; enſuite faites ſaigner le Cheval au col, peu après tant ſoit peu ſous la langue; puis donnez-lui trois quarts de livre d'huile d'Amandes douces, avec un bon verre ou un verre & demi d'Eau-de-Vie; après quoi il faudra prendre ſes glandes gorgées, les manier & fortement écraſer, même les battre avec le man-

 che

che du boutoir ; la méthode de les ouvrir ne vaut rien ; puis vous ferez piler des Orties vertes, vous en ferez une pâte avec du Vinaigre, & en remplirez les oreilles du Cheval & la laisserez huit heures ; quelques heures après vous donnerez au Cheval un quart de livre de Miel, deux onces de Thériaque, un quart de livre de Sucre dans une pinte de Vin blanc. Si le Cheval n'est pas entiérement rétabli, le lendemain vous lui donnerez un quart de pinte de Vin blanc, huit onces d'huile d'Amandes douces, deux onces Thérébentine de Venise, deux gros Cristal mineral, demi-once Poivre long bien pilé : bien mêler le tout ; aprés quoi l'on trouve une enflure d'Oreille qu'il faut percer ; si le mal est vieux, il sortira du sang : Cette façon de droguer un Cheval lui fait quelquefois perdre l'appétit ; s'il demeure quelques jours sant manger, il faut lui faire avaler quatre jaunes d'Oeuf, une Muscade pilée, un quart de livre de Sucre ; le tout démélé dans une pinte de Vin rouge.

Mal

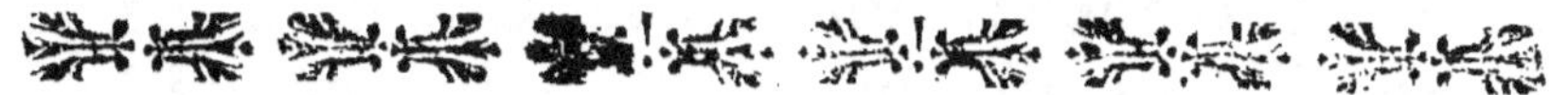

Mal du Cerf & manière de le traiter.

CEtte maladie, qui tient le Cheval roide dans tous ses membres, & sur-tout dans le col, lui ôte la faculté de manger, au point que s'il n'étoit secouru il se laisseroit mourir de faim; il a des mouvemens convulsifs aux yeux: Cette maladie est d'autant plus dangereuse qu'elle est accompagnée de morfondure ou grasfondu; au cas que ces accidens n'y soient pas joints, il faut user du remède ci-après.

Faites saigner le Cheval à la veine du Col, en très petite quantité, & réitérer la saignée de deux heures en deux heures, chaque fois la valeur d'un petit verre ordinaire de table, puis donner au Cheval des lavemens chaque jour; frottez lui la machoire & le col avec de l'Eau-de-Vie, de l'huile de Laurier, en égale quantité, & autant d'Onguent d'Althea: Si au contraire le Cheval est attaqué par tout le corps, & qu'il soit d'un prix qui vaille la peine, couvrez-le avec un drap trempé dans de l'Eau-de-Vie: Si le Cheval est sans fiévre le quatriéme jour, faites-lui prendre une Poudre cordiale le matin à jeun, & faites-lui boire de l'eau blanche: mais si le Cheval a de la fièvre, il faut lui donner le breuvage cordial, & le soir un lavement; dès que la fiente du Cheval commence à être liée, discontinuez tous les Remèdes ci-dessus, & faites-lui boire blanc, de la farine d'Orge dans de l'eau presque tiède.

Jambes foulées, usées.

IL faut appliquer sur la Jambe des emmiellures capables de raffermir les nerfs; savoir, une pinte de Lait avec suffisamment de farine pour le réduire en bonne bouillie; avant qu'elle soit achevée de cuire, incorporez y demi-livre de Cire neuve, autant de Thérébentine, même poids Poix de Bourgogne, autant de Sain-doux, & autant de Miel; lesquels articles vous aurez auparavant fait fondre dans un autre vaisseau à petit feu; le tout bien mêlé, vous le jetterez dans la bouillie, & l'appliquerez chaudement une fois le jour.

Recette

Recette pour les blessures sur le Boulet.

PRenez égale quantité d'Onguent rosat, de Populeum & d'Althea fondus ensemble, frottez-en la partie.

Recette pour les Mollettes.

PRenez mouches Cantarides, Euphorbe, Ellebore noire, de chacun deux onces; le tout bien pulverisé; mêlez cette Poudre avec égale quantité d'huile de Laurier & de Thérébentine; vous appliquerez de cet Onguent sur la mollette, après avoir rasé le poil au-dessus des mollettes & autour des boulets; il faut changer l'Onguent toutes les vingt-quatre heures. Cet Onguent fera tomber le poil & couler beaucoup d'eau rousse; il paroitra même que la peau est entiérement écorchée, mais elle reviendra; il faut continuer le remède pendant une dizaine de jours. Si les mollettes sont nouvelles, il suffit de faire dissoudre dans du Vinaigre fort, partie égale de de Souphre en bâton & de Sel commun, & de laver la place trois fois le jour.

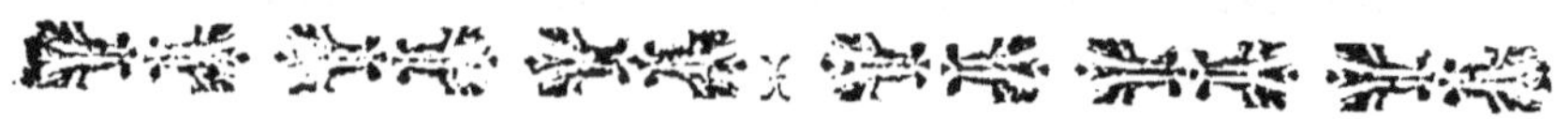

Remède pour les Chevaux fourbus.

IL faut saigner le Cheval des deux côtés du col, tirer de chaque côté une livre & demie de sang, & cela le plûtôt possible; après quoi lui faire avaler gros comme un œuf de Sel dissous dans de l'eau de riviére, ensuite lui faire une onction aux quatre Jambes avec la drogue ci-après: demi-pinte Vinaigre, demi-pinte Eau-de-Vie, quatre onces Thérébentine, une poignée de Sel; il faut extrêmement frotter; demi-heure après il faut donner un lavement émollient, deux heures après deux Pillules puantes, quatre heures après deux autres, huit heures après la même chose, & cela dans une pinte de Vin; ensuite prendre demi-livre d'huile de Laurier, la faire chauffer dans une cuilliere de fer, tremper dedans des étoupes, les appliquer bouillantes dans les pieds deux fois par jour, & cela pendant deux jours; ensuite donner quelques petits coups de flamme autour de la couronne, pour

pour que les humeurs ne gâtent pas le sabot ; l'on proménera le Cheval de tems en tems, ne fut-ce que quelques pas chaque fois ; le second jour une nouvelle saignée, mais moins forte : si la fiévre continue, il faut avoir recours aux lavemens emolliens, & donner l'Eau cordiale à diverses fois.

❋❋❋❋❋❋❋❋❋❋❋❋❋❋❋❋❋❋❋❋❋❋❋❋❋❋❋❋

Remède pour un Cheval qui a mal à la Hanche.

PRenez Poix resine, Poix grasse, Poix noire, Thérébentine, Miel, Vieux-oing, huile de Laurier, de chacun quatre onces, lie de Vin huit onces ; faites bien cuire le tout ensemble ; après l'avoir retiré du feu, ajoutez y, esprit de Thérébentine, huile d'Aspic, huile de Pétrole, de chacun deux onces, Brandevin huit onces ; incorporez le tout jusqu'à consistance d'Onguent ; puis deux fois le jour vous en mettrez sur la partie malade, ayant soin de la couvrir d'un papier brouillard ou de vessie de Cochon. Ce Remède est excellent pour les maux de Reins & les Jambes usées.

Onguent de Pied, excellent.

PRenez Cire jaune, Colophonium, Poix de Bourgogne, Thérébentine, Miel, graiſſe de Porc, ſuif de Mouton, huile d'Olive, de chacun demi-livre; mettez toutes ces drogues dans un pot, & ayez ſoin que le feu n'y prenne pas, & que rien ne verſe; le tout mis ſur un feu de charbon; lorſqu'il ſera bien cuit, il faudra le verſer dans un autre pot. L'on ne peut trop recommander l'uſage de cet Onguent.

Remède pour les enclouüres.

FAites lever le fer, nettoyez bien avec la pointe du boutoir la place où le clou a piqué, élargiſſez-le même un peu, puis mettez-y une pincée de poudre de chaſſe, mettez-y le feu; après quoi faites bouillir dans une cuilliere de fer de l'huile de noix, verſez-en dans le trou le plus chaud poſſible, puis le bouchez avec de la charpie trempée dans l'huile bouilliante.

Onguent

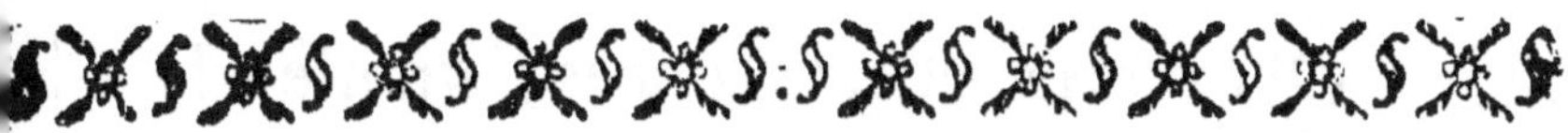

Onguent pour fortifier les nerfs durs & allongés.

PRenez racine de Guimauve bien pilée; faites-la tremper huit jours dans un ſeau d'eau; ajoutez-y après ce tems-là deux livres de graine de Lin bien pilée; faites cuire le tout à petit feu, juſques à-ce qu'il ſoit en bouillie; puis le paſſez bien chaud au travers d'un gros linge qui ſoit clair, pour en faire ſortir tout ce que l'on pourra; ajoutez-y enſuite une livre huile d'Olive; remuez toujours juſqu'à-ce qu'il ſoit froid & en Onguent. Il faut le garder dans un pot bien couvert, & en frotter la partie une fois par jour.

Remède pour un Cheval qui a pris des épines à la Chaſſe.

MEttez deſſus la place de la peau de Couleuvre, & dans une couple de jours l'épine ſortira, ſi le remède eſt fait ſur le champ; ſi non mettez-y de l'Onguent ci-après: Prenez graiſſe

graiſſe d'Oye rotie quatre onces, graiſſe de Liévre deux onces, gomme Elémi une once & demie, Poix de Bourgogne ou Poix blanche une once & demi, Cire neuve une once, un peu de feuilles de Sauge bien pilées ; faites cuire le tout à conſiſtance d'Onguent ; frottez-en la partie, enſuite préſentez y une pêle bien chaude pour faire entrer l'Onguent, mais ayez ſoin de ne pas trop l'approcher.

Remède pour les Jambes enflées.

PRenez Guimauves, racine de Parelle, racine de Fougére, Plantin, de chaque ſorte deux poignées ; deux onces vieux Oing, deux onces huile d'Olive ; faites bouillir le tout dans environ deux ſeaux d'eau, lavez les Jambes du Cheval après que l'Eau aura diminué des deux tiers, il faut le réiterer deux fois le jour, & dans quinze jours les jambes ſeront en très-bon état.

Autre Remède.

PRenez racine de Guimauve concaſſée une livre, lie de Vin ſix pintes, vieux Oing une livre; le tout cuit enſemble, frottez-en à froid trois fois le jour les jambes du Cheval.

Remède pour les Mallandres, Mulles traverſines & Sollandres.

PRenez Savon noir, Populeum, Beurre frais, de chacun deux onces; le tout bien mêlé l'un avec l'autre, pour en faire un Onguent, dont l'on frottera tous les jours les Mallandres, Mulles traverſines & Sollandres.

Autre Onguent.

HUile de plomb, Ceruſe, de chacun huit onces, Miel commun vingt-quatre onces;

ces; faites cuire le tout dans un pot neuf, ayant soin de la bien remuer & continuellement, crainte qu'il n'aille dans le feu; lorsqu'il sera bien cuit, vous le retirerez du feu, & ne cesserez de le remuer avec la spatule que lorsqu'il sera froid: il en faut frotter les Mallandres, & Mulles traversines, une fois par jour.

****

Méthode pour faire d'excellentes Pillules pour un Cheval languissant.

PRenez Beurre frais huit onces; Miel rosat quatre onces, Sené une once, Coloquinte demi-once, bayes de Laurier demi-once, Saffran demi-once, Coriandre une once, Sucre deux onces, Canelle une once, Mithridate une once; pulverisez bien le tout, & en faites des Pillules dont vous donnerez la moitié dans du Vin au Cheval; il ne faut pas qu'il ait mangé six heures avant & six heures après; & le lendemain vous lui donnerez le reste.

Remède pour le battement des flancs.

PRenez une livre de lard, faites-le bien battre, & ensuite dessaler dans de l'eau de riviére; puis prenez fleur de Souphre, Miel rosat, Anis en poudre, graine de Fenouil, de chacun deux onces, Alun de roche une once; après avoir bien pulverisé toutes ces drogues, coupez le lard par petits morceaux; pilez-le extrêmement; ajoutez-y ensuite les drogues ci-dessus; ajoutez-y aussi une quantité suffisante de farine d'Orge pour en former des Pillules; il faut les faire de la grosseur d'une noix; vous en donnerez plus ou moins au Cheval à proportion de sa force; il faut qu'il ait été bridé quatre heures avant & qu'il le soit quatre heures après; il le faut faire promener doucement.

Reméde pour un Cheval qui bat du flanc par une suite de quelques Efforts.

PRenez Bol d'Armenie quatre onces, autant de Consolida major, sel Ammoniac deux onces, autant de sang de Dragon, Poix graſſe quatre onces, Oliban deux onces, ſang du Cheval demi-livre, farine de froment demi-livre, Vinaigre deux bouteilles, Pois chiches deux livres; pulveriſez toutes ces drogues après les avoir bien ſechées; vous prendrez ſix blancs d'œuf bien battus, avec leſquels vous mêlerez toutes les drogues; vous ferez chauffer ce reméde pour l'appliquer ſur le mal, après avoir raſé le poil, & vous le couvrirez d'une peau de Mouton que vous ferez tenir avec des courroyes, & douze heures après vous remettrez de la même drogue; pendant ce tems-là, vous lui donnerez quelques priſes de Poudre cordiale; il faut lui ôter l'Avoine, & lui donner un peu de pain raſſis, le frais lui empâteroit les dents: il faut auſſi lui donner du bon Son mouillé, & continuer l'application du Cataplâme quelques fois, & le Cheval ſera entiérement guéri.

Remède pour le Farcin naiſſant.

PRenez Aloës ſuccotrin deux onces, Thériaque fine deux onces, faites les diſſoudre dans une bouteille de bon Vin blanc: faites

ſaigner

faigner le Cheval ; enfuite donnez-lui le breuvage après avoir été douze heures fans manger, & autant après qu'il aura pris le remède ; réitérez cette purgation tous les fix jours, & le Cheval doit guérir.

Onguent pour toutes fortes de farcins.

PRenez fleur de Souphre quatre onces, Argent vif deux onces ; broyez le tout dans un mortier, jufqu'à ce que le fouphre foit noir, & qu'on ne voye plus d'argent vif ; puis prenez Verd-de-gris, Orpin, Euphorbe, Cantarides, patte de Lyon, de chacun une once, noix de Galle demi-once, Couperofe blanche & de la verte, de chacune une once ; mettez en fine poudre toutes lefdites drogues ; ajoutez-y une livre & demie Savon noir ; il faut bien remuer le tout dans un mortier, & le réduire en Onguent, en y ajoutant de tems en tems un peu de Vinaigre. Cet Onguent peut fe garder long-tems : il faut en frotter le Cheval, il fera sûrement tomber les boutons de farcin.

**************×**************

Remède excellent pour faire jetter le Gourme à un jeune Cheval, & pour prévenir la poussée à un Cheval enrhumé.

PRenez des Marons d'Inde qui croissent sur les arbres dont on fait les allées de jardin, laissez-les bien resuër dans un tan; ensuite étendez les sur un plancher dans une chambre bien airée; quand ils y auront été quelque tems, mettez-les dans un four après en avoir retiré le pain; s'ils sont bien secs, il faut les retirer, si non les remettre une seconde fois; ensuite les réduire en poudre, & en mettre deux onces dans du son un peu humecté avec de l'eau tiède, & le faire manger au Cheval tous les matins à jeun pendant quelque tems; cela lui fera évacuer les mauvaises humeurs, & lui donnera beaucoup d'appétit.

Remède assuré pour les tranchées qui ôtent l'appétit aux Chevaux, & font qu'ils se roulent & débattent sur la litiére.

PRenez un pot de gros Vin rouge, faites-lui donner quelques ondes sur le feu; ensuite jettez-y deux poignées de feuilles de Romarin, & à son défaut même quantité de pain de Rose, qui reste après que les Apoticaires en ont distillé l'eau; après qu'il aura derechef donné quelques bouillons, il faut le retirer de dessus le feu; après quoi ajoutez-y une livre de fine farine de Froment; remettez-le tout sur le feu & le remuez avec une spatule de bois; ensuite levez le pot de dessus le feu, & y ajoutez une livre de Cendre de bois bien criblée; remuez le tout avec soin sans le remettre sur le feu, car il sortiroit tout dans le feu: faites-en une charge sur les rognons, aussi chaudement que vous pourrez; peu après votre Cheval mangera.

Pour le Cuir cousu.

FAites chauffer deux verres de vin vieux, jusqu'à ce qu'il commence à bouillir, mettez y un verre de miel, un demi verre de Thérébentine, faites-y faire une onde, ôtez le de dessus le feu, & mettez y un verre d'huile d'Olive quand on pourra y souffrir le doigt, & faites le avaler au Cheval.

****

Pour le Gourme & la Pousse.

BAttez quatre œufs dans un plat puis mêlez les dans un mortier avec quatre onces de souffre, quatre onces d'Anis en poudre, quatre onces de reguelisse en poudre, quatre onces de bayes de Laurier en poudre, six onces de sucre candi brun, quatre onces de Thériaque ou de miel, huit onces d'huile d'Olive, & deux onces de gouderon de Norvege, faites en des bolus de 10 dragmes chaque, & en donnez une prise tous les matin à jeun au au Cheval, en lui faiſant prendre un peu d'exercice.

Pour l'Avant Cœur, ſoit Levat.

LA maladie dont il s'agit, eſt une inflammation, plus ou moins forte, qui attaque ordinairement après des longues ſécherеſſes, & qui eſt quelques fois ſi violente, qu'elle tuë au bout de deux ou trois jours, & même de quelques heures; & alors on trouve ordinairement toutes les chairs comme gangrenées.

C'eſt la gorge, le poulmon, & les parties renfermées dans le ventre qui ſouffrent le plus: dans quelques bêtes, c'eſt le poulmon; dans d'autres, les eſtomacs, ſurtout le troiſieme (*pſeautier* ou *feuillet*,) & les boyaux, qui ſont principalement enflammés. La veſicule du fiel eſt remplie d'une bile brulée.

Le battement de flanc eſt un très fâcheux ſymptome.

Les tumeurs qui viennent ſous le poitrail ou ſous le fanon, ſont plus dangereuſes que celles qui viennent ailleurs.

L'on

L'on doit éviter tous les remèdes chauds qui ſont tout-à-fait contraires.

Il faut 1°. ſaigner les bêtes malades au col ; on tire deux livres ou deux livres & demi de ſang à un cheval ou un bœuf fort, un peu moins à proportion à une vache ou à une jeune bête ; mais il faut le faire d'abord qu'on s'apercoit du mal. L'on s'eſt bien trouvé de faire ſaigner des troupeaux entiers pour prévenir le mal ; d'autant plus que quand cela ne le previent pas, cela le rend plus leger.

2°. On leur donne deux ou trois fois par jour des lavemens avec une decoction de mauve, ou d'autres herbes rafraichiſſantes, ou d'eau tiède avec un peu de lait, ou de petit lait ; tous ſont également bons pour diminuer l'inflammation des boyaux.

3°. On leur couvre la tête avec une groſſe nappe, qui pend, & ſous l'ouverture, on jette du vinaigre ſur un carron chaud, cela fait touſſer, & ſortir beaucoup de vilenies par les naſeaux ; cela fait ſouvent vomir, aux bœufs & aux vaches, beaucoup de vilenies, & même de bile corrompue. Les chevaux ne peuvent pas vomir.

4°. On leur fait prendre ſoir & matin le bolus ſuivant : Prenez deux livres de nitre ou ſalpêtre, & deux livres de farine d'orge, & donnez

donnez leur, tous les matins & tous les ſoirs, un demi quart de livre de ce mélange, mis en bol avec du bon vinaigre. C'eſt le meilleur remède pour guerir & pour préſerver; ſur la fin on joint à chaque bol 30. grains de camfre.

5°. On met toujours du ſon dans l'eau qu'on leur donne à boire; & l'on a ſoin qu'elle ne ſoit pas tout-à-fait froide.

6°. On leur fait manger des laitrons, du ſenecon, de la chicorée ſauvage, de la dent de Lion, des herbes de Jardin, comme laitues, blettes, &c.; des mauves, de la parietaire, la mercurielle, du gramont ou trainée, de l'herbe de pavot; & dans les pays où l'on en a, du caſſis; de la paille d'orge, de l'herbe verte, du ſon, des pommes, des melons, de la courge.

7°. Il faut tenir les écuries trés propres, en emportant le fumier tous les jours, en les bien airant, en y brulant du bois ou des grains de genievre, & ſurtout du vinaigre.

8°. Dès qu'on aperçoit quelque tumeur ſur le corps, on l'ouvre & on la fait ſupurer. L'on s'eſt trouvé bien dans quelques endroits de faire un ſeton au poitrail, ou au fanon, & de le faire ſupurer, en y mettant un morceau de racine d'hellebore, ou de viorne.

9°. Les

9°. Les mêmes moyens qu'on vient d'indiquer pour guerir, ont très bien réussi pour prévenir le mal. Il est très important d'empécher toute communication entre les bêtes saines & les bêtes malades. Dans les endroits où il y a beaucoup de bêtes, il faut éviter que les mêmes personnes qui soignent les bêtes malades, approchent les autres. On recommande de les attacher de façon, qu'elles puissent prendre aisément la situation qui leur convient le mieux.

10°. L'on ne s'est pas bien trouvé des remèdes qu'on leur donnoit pour les faire vomir ou les purger.

11°. L'on ne doit faire aucun usage du lait des vaches, dès qu'elles paroissent commencer à être malades.

12°. Dans quelques endroits il venoit plusieurs pustules sur la langue, & d'autres en assez grand nombre sur la peau, presque comme dans la petite verole des hommes; mais c'est toujours la même maladie, & cela ne change rien au traitement.

13°. Chacun sait qu'on leur nettoye la langue avec quelques herbes trempées dans du vinaigre; ce qui leur est utile.

Autre Prêſervatif & Remède éprouvé.

PRenez une demi livre de Nitre & autant de véritable Aſphalt; pilez le tout enſemble, & donnez en une demi once le matin & autant le ſoir, dans du ſon.

TABLE.

DES

RECETTES.

Purga-

Moyen

Remède

www.ingramcontent.com/pod-product-compliance
Lightning Source LLC
LaVergne TN
LVHW050456160826
845677LV00003B/804

* 9 7 8 2 3 2 9 6 7 7 6 7 5 *